苗谱丛书

丛书主编：刘 勇

油 茶

Camellia oleifera Abel.

谭新建 钟秋平 曹林青 晏 巢 编著

中国林业出版社

图书在版编目（CIP）数据

油茶 / 谭新建等编著. -- 北京 : 中国林业出版社,
2024.4

（苗谱系列丛书）

ISBN 978-7-5219-2702-3

Ⅰ.①油… Ⅱ.①谭… Ⅲ.①油茶－育苗 Ⅳ.
①S794.44

中国国家版本馆CIP数据核字(2024)第092689号

策划编辑：刘家玲
责任编辑：宋博洋
装帧设计：北京八度出版服务机构
————————————

出版发行：中国林业出版社
　　　　（100009，北京市西城区刘海胡同 7 号，电话 83143625）
电子邮箱：cfphzbs@163.com
网址：www.cfph.net
印刷：河北京平诚乾印刷有限公司
版次：2024 年 4 月第 1 版
印次：2024 年 4 月第 1 次
开本：889mm×1194mm　 1/32
印张：2.25
字数：67 千字
定价：23.00 元

苗 谱

编写说明

　　种苗是国土绿化的重要基础，是改善生态环境的根本保障。近年来，我国种苗产业快速发展，规模和效益不断提升，为林草业现代化建设提供了有力的支撑，同时有效地促进了农村产业结构调整和农民就业增收。为提高育苗从业人员的技术水平，促进我国种苗产业高质量发展，我们编写了《苗谱丛书》，拟以我国造林绿化植物为主体，一种一册，反映先进实用的育苗技术。

　　丛书的主要内容包括育苗技术、示范苗圃和育苗专家三个部分。育苗技术涉及入选植物的种子（穗条）采集和处理、育苗方法、水肥管理、整形修剪等主要技术措施。示范苗圃为长期从事该植物苗木培育、育苗技术水平高、苗木质量好、能起到示范带头作用的苗圃。育苗专家为在苗木培育技术方面有深厚积淀、对该植物非常了解、在该领域有一定知名度的科研、教学或生产技术人员。

　　丛书创造性地将育苗技术、示范苗圃和育苗专家结合在一起。其目的是形成"植物+苗圃+专家"的品牌效应，让读者在学习育苗技术的同时，知道可以在哪里看到具体示范，有问题可以向谁咨询打听，从而更好地带动广大苗农育苗技术水平的提升。

　　丛书编写采取开放形式，作者可通过自荐或推荐两个途径确定，有意向的可向丛书编委会提出申请或推荐（申请邮箱：

miaopu2021start@163.com），内容包含植物名称、育苗技术简介、苗圃简介和专家简介。《苗谱丛书》编委会将组织相关专家进行审核，经审核通过后申请者按计划完成书稿。编委会将再次组织专家对书稿的学术水平进行审核，并提出修改意见，书稿达到要求后方能出版发行。

丛书的出版得到国家林业和草原局、中国林业出版社、北京林业大学林学院等单位和珍贵落叶树种产业国家创新联盟的大力支持。审稿专家严谨认真，出版社编辑一丝不苟，编委会成员齐心协力，还有许多研究生也参与了不少事务性工作，从而保证了丛书的顺利出版，编委会在此一并表示衷心感谢！

受我们的学识和水平所限，本丛书肯定存在许多不足之处，恳请读者批评指正。非常感谢！

《苗谱丛书》编委会

2020年12月

油茶（*Camellia oleifera* Abel.）是山茶科山茶属植物，原产于中国，是南方重要的木本油料树种，具有2300多年的栽培利用历史。茶油是目前最好的食用油，主要成分是以油酸和亚油酸为主的不饱和脂肪酸，含量高达90％以上，因其非常有益身体健康，被联合国粮农组织列为重点推广的健康型食用油。油茶主要分布于湖南、江西、广西、浙江、福建、云南、贵州、湖北、四川、广东、河南、安徽、重庆、海南、甘肃、陕西、台湾、江苏18个省（自治区、直辖市）1100多个县，适应范围较广，是我国重点发展的木本油料树种。党中央、国务院高度重视油茶产业发展，2022年中央一号文件提出了"支持扩大油茶种植面积，改造提升低产林"。国家林业和草原局、国家发展和改革委员会、财政部在2023年1月联合印发《加快油茶产业发展三年行动方案（2023—2025年）》，明确3年新增油茶种植1917万亩[①]、改造低产林1275.9万亩，确保到2025年，全国油茶种植面积达到9000万亩以上。

经济林产业中，良种的表现形式和农作物不

[①] 1亩=1/15hm²，下同。

同，农作物是种子，而经济林则是苗木；农作物的种子质量若有瑕疵，次年就可补救，而经济林种苗质量若有瑕疵，将会伴随其一生。故经济林的良种壮苗在产业发展中起到极为关键的作用，其地位重要性不容忽视。油茶产业亦是如此，其良种壮苗是限制油茶产业高质量发展的首要因素，其中良种是基础，壮苗则是表现形式。现阶段，油茶良种壮苗的繁育主要采用油茶芽苗砧嫁接技术和轻基质容器育苗技术相结合的方式，在全国育苗基地得到普遍产业化应用推广。有必要将该技术系统化地进行整理与介绍。本书共有3个部分，分为油茶概况及育苗技术、示范苗圃、育苗专家。笔者通过通俗易懂的图文形式，坚持先进性与实用性相结合，向读者系统呈现油茶良种繁育技术，以期为我国油茶产业高质量发展作出贡献。

为了方便在油茶产业高质量发展过程中，使各地政府、油茶种植企业、种植户了解目前我国油茶育苗现状与技术制高点，本书在系统介绍油茶良种壮苗繁育技术的同时，也将目前国内大的油茶良种繁育圃以及相关知名专家一并介绍。由于笔者写作水平有限，书中存在不足之处请广大读者批评指正。

钟秋平

2022年12月

目 录

CONTENTS 苗譜

第1部分

油茶概况及育苗技术

PART 1

1 油茶简介

学名：*Camellia oleifera* Abel.
科属：山茶科山茶属

1.1 形态特征

油茶，一般指普通油茶，为灌木或小乔木。嫩枝有粗毛；叶革质，椭圆形、长圆形或倒卵形，先端尖而有钝头，有时渐尖或钝，基部楔形，长5～7cm，宽2～4cm，有时较长，上面深绿色，发亮，中脉有粗毛或柔毛，下面浅绿色，无毛或中脉有长毛，侧脉在上面能见，在下面不明显，边缘有细锯齿，有时具钝齿，叶柄长4～8mm，有粗毛。

花顶生或腋生，近于无柄，苞片与萼片约10片，由外向内逐渐增大，阔卵形，长3～12mm，背面有贴紧的柔毛或绢毛，花后脱落；花瓣白色，5～7片，倒卵形，长2.5～3cm，宽1～2cm，有时较短或更长，先端凹入或2裂，基部狭窄，近于离生，背面有丝毛，至少在最外侧的有丝毛；雄蕊长1～1.5cm，外侧雄蕊仅基部略连生，偶有花丝管长达7mm，无毛，花药黄色，背部着生；子房有黄长毛，3～5室，花柱长约1cm，无毛，先端不同程度3裂。

蒴果球形或卵圆形，直径2～4cm，3室或1室，3片或2片裂开，每室有种子1粒或2粒，果片厚3～5mm，木质，中轴粗厚；苞片及萼片脱落后留下的果柄长3～5mm，粗大，有环状短节（图1-1）（参考"植物智平台"）。

图1-1　油茶特征（曹林青 摄）

（A.油茶花形态；B.油茶果实形态；C.两年生油茶嫁接苗；D.油茶大田栽培表现）

1.2　生长习性

油茶喜温暖、怕寒冷，适宜年平均气温16～18℃，花期平均气温为12～13℃。突然的低温或晚霜会造成落花、落果。要求有较充足的阳光，否则只长枝叶，结果少，含油率低。要求水分充足，年降水量一般在1000mm以上，但花期连续降雨，影响授粉。要求在坡度和缓、侵蚀作用弱的地方栽植，对土壤要求不甚严格，一般适于土层深厚的酸性土，而不适于石块多和土质坚硬的地方。

1.3　分布状况

油茶适生于低山丘陵地带，在世界上分布不广，我国为其自然分布中心地区。油茶分布范围包括亚热带的南、中、北三个地带，自然条件差异很大，平均气温为14～21℃，极端最低气温达-17℃，

≥10℃的年积温为4250～7000℃，降水量为800～2000mm，无霜期200～360d，地形多为低山丘陵，亦有部分中山和高山，土壤为酸性红壤和黄壤。普通油茶是分布面积最广、栽培历史最久、占油茶总产量最多的一个宽生态物种，分布于北纬18°28′～34°34′，东经100°0′～122°0′的广阔范围内。南北跨16个纬度，东西横过22个经度，包括福建、广东、广西、云南、贵州、台湾、浙江、江苏、江西、湖南、湖北、四川、重庆、海南、甘肃、陕西、河南、安徽18个省（自治区、直辖市）1100多个县，面积已超过6800万亩。

油茶不但水平分布广，垂直分布的变化也很大，随着海拔的升高、气候的变化和土壤层及植被的不同出现了一定分布规律。油茶垂直分布上限和下限由东向西逐渐增高，东部地区一般在海拔200～600m的低山丘陵，但亦达1000m左右的山区；中部地区大部分在800m以下，个别地方达1000m以上；西部云南广南海拔为1250m、云南昆明为1860m、贵州毕节为2000m、云南永仁为2200m。尽管由于各种条件，油茶垂直分布高度各地互有差异，但由东向西，上限和下限逐渐增高的趋势是很明显的（参考《中国油茶（第二版）》）。

1.4 树种文化

油茶在我国栽培历史悠久。据《三农记》清张宗法（1700年）引证《山海经》绪书："员木，南方油食也。""员木"即油茶。可见我国取油茶果榨油以供食用，已有2300多年的历史。据考证，油茶名称在各种通志中都有不同的记载，除目前普遍应用的油茶外，还有茶(明·王世懋著《闽部疏》、清·王澐著《闽逝杂记》)、茶油树(《广西通志》)；山茶(江西《武宁县志》、广西《南宁府志》)、南山茶(宋·范成大著《桂海虞衡志》、宋·周去非著《岭外代答》、明·王圻著《三才图会》)、槎("既槎木，槎也"。宋·苏颂著《图经本草》、清·张自烈著《正字通》、清·陈梦雷著《古今图书集成草木典》)、樫子(或樫。江西《婺源县志》、明·方以智著《通雅》、清·赵学敏著《本草纲目拾遗》)、探子(或探。三国·吴莹著《荆杨异物志》、唐·陈藏器著《本草拾遗》、明·李时珍著《本草纲目》)和椮(福建《闽侯县志》)等别名。到北宋年间,苏颂所著的《图经本草》中对油茶的性状、产地和效用有了较详细的记载。南宋郑樵所著的《通志》中记载:"南方山土多植其木",证明当时油茶已到大量栽培发展阶段。在《植物名实图考长编》中还记述了油茶在荒山栽植的意义。到明末在王象晋所著《群芳谱》和徐光启的《农政全书》中,对选种、种子储藏、育苗、整地和造林等都做了比较详细的记载。从《群芳谱》和《农政全书》中所谓"收子简取大者"和"白露前后收实,则易生根其美者",可看出当时造林用的种子,不仅注意其成熟度,而且注意品质。《群芳谱》《农政全书》和《三农记》中记述的果实和种子的储藏都是用窑藏法。《三农记》中记载:"掘地作小窑,勿通深,用砂土和实置窑中,次年春分时开窑播种。"这些方法直到今天各地仍在采用。所谓"勿通深",就是要注意到地下水上升而影响茶果及砂土的含水量,这是非常重要的。《农政全书》中提出的"勿令及泉",就注意到地下水的问题。《三农记》中有"性喜黄壤,恶湿"及"收子即种肥熟土"的记载,这是完全和油茶特性相适应的。油茶林地肥沃度往往被一般人所忽视,而《三农记》中很早就有记载,这一点是非常难得的。在明代俞贞木所写的《种树书》中记载了油茶种植中使用茶饼、人粪和草木灰等最常用的肥料。徐光启的《农政全书》还记载了油茶与油桐混交的好处:"种桐者,必种山茶,桐子乏,则茶子盛,循环相代,较种栗利返而久。"明代邝璠著的《便民图纂》和清代张宗法的《三农记》中,对油茶的修枝和抚育管理都作了记述。此外,在《群芳谱》和《农政全书》中又详细记载了油茶采收处理的时间和方法等。我国栽培油茶的经验很丰富,从古代文献宝库中研究油茶的栽培和利用,对今天仍然很有价值(参考《中国油茶(第二版)》)。

1.5 良种介绍

油茶良种选育主要围绕"高产、稳产、优质、高抗"的育种目标,根据普通油茶果实成熟期的差异,可将普通油茶品种主要划分为以下四大品种群。

1.秋分籽品种群。果实于秋分前后成熟,仅限于某些地区,分布面积很小。

2.寒露籽品种群。十月上旬，寒露前后果实成熟。

3.霜降籽品种群。十月下旬，霜降前后种子成熟。

4.立冬籽品种群。十一月上旬，立冬前后种子成熟。

上述品种类群中以霜降籽品种类型最多，寒露籽次之，秋分籽和立冬籽最少。表1-1为国家林业和草原局最新发布的全国油茶主推品种情况。

表1-1　全国油茶主推良种

良种名称	良种编号	良种特性
'长林4号'	国S-SC-CO-006-008	中国林业科学研究院亚热带林业研究所、亚热带林业实验中心共同选育。该良种树势旺盛，树冠球形开张，抗性强，结实大小年不明显，丰产稳产。花期10月下旬，果实成熟期10月下旬。桃形果，见阳光一面红色，背面青色，果较大。平均单果重25.18g，鲜果出籽率50.1%，干籽出仁率54%，干仁含油率46%，果含油率8.89%，盛果期4年平均亩产油60.0kg。适宜推广的区域为江西、浙江、安徽、湖南、广西、河南、贵州、湖北等油茶种植区
'长林40号'	国S-SC-CO-011-2008	中国林业科学研究院亚热带林业研究所、亚热带林业实验中心共同选育。该良种长势旺，树体圆柱形，直立，抗性强，高产稳产。花期11月中旬，果实成熟期10月下旬。果近梨形，有3条棱，黄色，中偏小。平均单果重19.4g，鲜果出籽率44.5%，干仁含油率50.3%，果含油率11.3%，盛果期4年平均亩产油65.9kg。适宜推广的区域为江西、浙江、安徽、湖南、广西、河南、贵州、湖北等油茶种植区
'长林53号'	国S-SC-CO-012-2008	中国林业科学研究院亚热带林业研究所、亚热带林业实验中心共同选育。该良种树体矮壮，粗枝，叶子浓密，抗性强，结实大小年不明显，丰产稳产。花期11月上旬，果实成熟期10月下旬。果近梨形，果柄有凸出，黄带红，果较大。平均单果重27.9g，鲜果出籽率50.5%，干仁含油率45.0%，果含油率10.3%，盛果期4年平均亩产油54.6kg。适宜推广的区域为江西、浙江、安徽、湖南、广西、河南、贵州、湖北等油茶种植区
'华金'	国S-SV-CO-017-2021	中南林业科技大学选育。该良种树体生长旺盛，高大，树冠紧凑，纺锤形，树姿较直立，抗性强，结实大小年不明显，丰产稳产。叶长卵形，叶片稍内扣，叶尖下翻，叶缘细锯齿或钝齿。花期10月中下旬至12月中旬，果实成熟期10月下旬。果椭圆形，果顶端有"人"字形凹槽，8～9月果皮为红色，成熟时为青色，果较大。平均单果重51.59g，鲜果出籽率36.38%，干籽含油率46.00%，盛果期平均亩产油60kg。适宜推广的区域为湖南、江西、广西、贵州、湖北等油茶主产栽培区

（续）

良种名称	良种编号	良种特性
'华硕'	国S-SV-CO-018-2021	中南林业科技大学选育。该良种树体生长旺盛，树势强，树冠自然圆头形且较密，树姿半开张，抗性强，结实大小年不明显，丰产稳产。叶宽卵形，叶色墨绿，叶片平展，叶尖渐尖，叶缘锯齿。花期11月初至12月上旬，果实成熟期10月下旬。果扁圆形，多具5棱，黄棕色，顶端凹陷，宿存有毛，果实大。平均单果重68.75g，鲜果出籽率45.51%，干籽含油率41.71%，盛果期平均亩产油65kg。适宜推广的区域为湖南、江西、广西、贵州、湖北等油茶主产栽培区
'华鑫'	国S-SV-CO-019-2021	中南林业科技大学选育。该良种树体生长旺盛，高大，树冠自然圆头形，树姿较开张，抗性强，结实大小年不明显，高产稳产。叶宽卵形，叶色深绿，叶片稍下卷。花期10月底至12月中旬，果实成熟期10月下旬。果形扁圆形，8~9月果皮为红色，成熟时为青黄色，果实较大。平均单果重48.83g，鲜果出籽率52.56%，干籽含油率39.97%，盛果期平均亩产油70kg。适宜推广的区域为湖南、江西、广西、贵州、湖北等油茶主产栽培区
'湘林1号'	国S-SC-CO-013-2006	湖南省林业科学研究院选育。该良种树势旺盛，树体紧凑，树冠自然圆头形或塔形，丰产性能好。叶椭圆形，先端渐尖，边缘有细锯齿或钝齿，叶面光滑，绿色至墨绿色。花期11月上旬至12月下旬，果实成熟期10月下旬。果球橄榄形，红黄色。鲜果出籽率46.8%，干籽含油率35%，鲜果含油率8.869%，盛果期平均亩产油45.6kg。适宜推广的区域为主要油茶产区
'湘林27号'	国S-SC-CO-013-2009	湖南省林业科学研究院选育。该良种树冠自然圆头形。叶椭圆形，较细长，先端渐尖，边缘有细锯齿或钝齿，叶面光滑。花期10月下旬至12月中下旬，果实成熟期10月下旬。果实球形或卵形，青红色，皮薄。鲜果出籽率50%~56%，干籽含油率34%~37%，鲜果含油率10.7%，盛果期平均亩产油66kg。适宜推广的区域为主要油茶产区
'湘林XLC15'	国S-SC-CO-015-2006	又名'湘林210''茶陵166'，湖南省林业科学研究院选育。该良种树冠自然圆头形。叶椭圆形，较细长，先端渐尖，边缘有细锯齿或钝齿。花期10月底至12月下旬，果实成熟期10月下旬。果实球形或橘形，青黄色或青红色。鲜果出籽率44.8%，干籽含油率36%~41%，盛果期平均亩产油41.25kg。适宜推广的区域为湖南、江西、广西、浙江等油茶主产区
'赣无2'	国S-SC-CO-026-2008	江西省林业科学院选育。该良种树体生长旺盛，树体开张，分单枝均匀，树冠圆球形，抗性强。叶片矩圆形。始花期10月下旬，盛花期11月上旬，果实成熟期10月下旬。果圆球形，果皮红色。平均单果重12.20g，鲜果出籽率48.1%，干籽含油率49.4%，鲜果含油率8.1%，盛果期平均亩产油49.0kg。适宜推广的区域为江西全省各地(市)油茶产区、南方油茶中心区

良种名称	良种编号	良种特性
'赣兴48'	国S-SC-CO-006-2007	江西省林业科学院选育。该良种树体生长旺盛，树冠紧凑，树冠自然开心形，分枝均匀，抗性强，产量高，丰产性能好。叶片椭圆形，叶色淡绿色。始花期10月下旬，盛花期11月上旬，果实成熟期10月下旬。果实圆球形，果皮黄红色。平均单果重7.81g，鲜果出籽率49.2%，干籽含油率50.5%，鲜果含油率10.1%，盛果期平均亩产油72.6kg。适宜推广的区域为江西全省各地(市)油茶产区、南方油茶中心产区
'赣州油1号'	国S-SC-CO-014-2008	赣州市林业科学研究所选育。该良种具明显主干，树冠开张角度大而呈圆球形，叶椭圆形，叶面平，果球形，果皮红色，平均单果重33.33g，鲜果出籽率35.15%，干籽含油率49.67%，鲜果含油率5.08%，盛果期平均亩产油56.97kg。适宜推广的区域为江西南部、福建西部、广东北部、广西北部油茶适生栽培区
'岑软2号'	国S-SC-CO-001-2008	广西壮族自治区林业科学研究院选育。该良种冠幅大，树冠圆头形，抗性强，结果大小年不明显。枝条细长，枝条柔软。花期11月上旬至12月上旬，果实成熟期为霜降。果实青色，呈倒杯状。平均单果重30.36g，鲜果出籽率40.7%，干籽含油率51.37%，鲜果含油率7.06%，盛果期平均亩产油61.65kg。适宜推广的区域为广西、湖南、江西、贵州等省（自治区）油茶种植区
'岑软3号'	国S-SC-CO-002-2008	广西壮族自治区林业科学研究院选育。该良种冠幅较紧凑，树冠呈冲天形，抗性强，结果大小年不明显。花期10月下旬至11月下旬，霜降后果实成熟。果实球形。平均单果重20.87g，鲜果出籽率39.72%，干籽含油率53.60%，鲜果含油率7.13%，盛果期平均亩产油62.57kg。适宜推广的区域为广西、湖南、江西、贵州等省（自治区）油茶种植区
'义禄'香花油茶	桂R-SC-SO-008-2019	广西壮族自治区林业科学研究院选育。该良种树形直立，叶小，披针形或椭圆形，叶面具波浪，基部钝圆，果黄绿色、球形。规模化种植盛果期年亩产油60~80kg。适宜推广的区域为广西桂中、桂南等油茶种植区
'义臣'香花油茶	桂R-SC-SO-002-2021	广西壮族自治区林业科学研究院选育。该良种树形圆柱形，叶为小叶，椭圆形，果绿色、倒卵球形，果皮薄。规模化种植盛果期年亩产油60~80kg。适宜推广的区域为广西桂中、桂南等油茶种植区

2 繁殖技术

2.1 播种育苗

2.1.1 种子采集调制与催芽

2.1.1.1 种子采集

采种对象：优良家系和优良杂交组合的实生子代（图1-2）。

采种时间：10月中下旬至11月上旬，当果实成熟后（有5%果实自然开裂），及时采收。

2.1.1.2 调制

茶果采收后，在通风干燥的室内堆放3～5d，堆放厚度约10cm，茶果失水开裂后，

图1-2　油茶果实（钟秋平 摄）

翻动数次使种子脱落，此时还未开裂的果实多数是不成熟的，其种子不宜作种用，种子取出后要阴干，不能日晒，种子含水量约在25%～30%时用风箱、风选机、筛子对种子进行过筛、风选，筛选粒大、饱满、无病虫害的种子及时贮藏。注意，种子含水量不宜过低，低于14%时发芽力会大幅度下降。

2.1.1.3 贮藏

常温层积沙藏：用通过0.8mm孔径筛的河沙，将种子与湿沙混合，先在地上铺上15cm厚的河沙，放一层种子，盖上8cm厚的沙子，再放一层种子，交错三次层积，贮藏时间不宜超过6个月。

低温贮藏：种子调制后，置于0～5℃低温库中堆放贮藏，种子含水量不宜低于25%。

带果贮藏：采收回来的茶果连同果壳摊放在通风干燥的室内，不必翻动、不可日晒，使其自然阴干，果皮开裂后也不取出种子，一直

摊放到播种。

2.1.1.4 催芽

沙藏种子不用催芽，其他贮藏方式的种子在播种前30d左右进行种子催芽，在室内或室外铺上底层沙15cm，撒上种子，再加上8cm沙子，再撒一层种子，盖上沙8cm，一层种子一层沙，5～6层，用清水浇透，保持沙床湿度，久晴洒水。

2.1.2 播种苗培育

2.1.2.1 播种前准备

圃地选择：圃地应选择交通方便，地势平缓，排水良好，土壤厚度不小于50cm，土壤疏松、透气，pH值在5.0～6.5的微酸性至中性沙质土壤。注意：不可选用前茬作物有对苗木易感染病害和地下害虫严重的地为圃地。

整地作床：前一年的冬季，对圃地进行深耕，清除草根、石块，碎土、整平，并将腐熟的有机肥均匀地施入苗圃地中，使土壤与肥料混匀。苗床规格：宽1.0～1.2m，高（步道沟深）25cm以上，步道沟宽40cm，中沟、边沟比步道沟深10～20cm。

播种时间：2月中旬至3月中旬为宜。

2.1.2.2 播种方法

条播：以行距10～15cm、株距3～5cm为宜，沿畦面直向开沟，沟深3～4cm，每亩播种量100kg。

点播：点播以单位面积产量和留苗密度确定株行距，每亩出苗4万～6万株为宜。

2.1.3 苗期管理

2.1.3.1 搭荫棚

苗床建棚高50～60cm的小拱棚，每2m插一根竹片，弯成拱形插于苗床两边，盖上塑料薄膜。栽植当年冬季，如光照较大时，应在拱棚上面盖遮阳网，适当遮阳。遇到低温、冰雪等天气时，应及时去除冰雪，加盖草帘保温。

2.1.3.2 浇水

幼苗出土前适时浇水，保持土壤湿润。苗木速生期，灌浇水一次；苗木生长后期应控制水分，土壤湿润为宜。灌溉宜在早晨或傍晚进行。

2.1.3.3 追肥

撒肥：用细土和肥料拌匀，在雨后晴天或浇水后，苗床湿润时进行，施尿素或复合肥 $25 \sim 50 g/m^2$。

水施：化肥的水施浓度以 $0.3\% \sim 0.5\%$ 为宜，在阴天或傍晚进行。

叶面施肥：如苗木生长较弱时，可进行叶面施肥，喷施 $0.3\% \sim 0.5\%$ 的磷酸二氢钾。

2.1.3.4 除草

降雨或灌溉后土壤湿润时应及时除草，除草应遵循"除早、除小、除了"的原则，慎用化学药剂除草。

2.1.3.5 松土

每月松土一次，圃地苗床全面松土，松土深 $2 \sim 4cm$。

2.1.3.6 病虫害防治

苗圃病虫害防治的方针是"预防为主，综合防治相结合"。加强虫情预测预报，做到准确、及时。除采用药物防治外，还应加强圃地管理，采取的措施包括：合理轮作、冬季深耕、适时早播、处理种子、合理施肥和浇水、及时除草和松土、清洁场圃等。

2.2 采穗圃营建及管理

营建采穗圃是为了给苗木生产提供大量优质的穗条，最常用的方法有2种。一是兼用采穗圃，将原来的油茶丰产林改造成采穗圃，砍除或用优良材料高接换冠非优良品种的单株，或对优良单株进行挂牌，标明单株的无性系号，画好定植图。二是专用采穗圃，选择适合当地的 $3 \sim 5$ 个油茶良种，采用 $2 \sim 3$ 年生良种苗木进行造林，定植时，可按品种或无性系成行或成块排列，同一种材料为一个小区。要详细记录，画好定植图，注明每个品种所在的位置和数量，最好挂上标牌方便采集和识别，避免混淆搞错（图1-3）。

亚林中心油茶采穗圃定植图

图1-3 采穗圃及定植图（曹林青 摄）

现以营建专用采穗圃为例，介绍采穗圃的营建及管理关键技术。

2.2.1 圃地选择

采穗圃一般应选择土质肥沃、排水良好、土层深厚的酸性红壤，阳光充足的南坡、东南坡的缓坡（坡度不大于15°），交通便利、劳动力充足的地方。

2.2.2 整地

采用全垦整地的方式，在造林前2～3个月内完成。整地前对林地进行清理，将造林地内的杂草、灌木全部砍除清理后，用挖机全垦深翻30cm以上，并将表土翻入底层，除去土中的大石块和粗树蔸、树根等（图1-4）。

图1-4 全垦整地（曹林青 摄）

2.2.3 栽植

2.2.3.1 时间

油茶栽植一般在12月中旬至次年3月中旬进行。

2.2.3.2 密度

造林密度以2m×1.5m或2m×3m为宜。

2.2.3.3 挖穴施基肥

按照规划密度定点挖穴，规格50cm×50cm×50cm以上。穴内施油茶专用有机肥5～10kg或菜籽枯1～1.5kg作基肥。将基肥施于穴底与土拌匀，然后回填表土，回填土壤要高出地面10cm左右，严禁将树根、石块填入穴内（图1-5）。

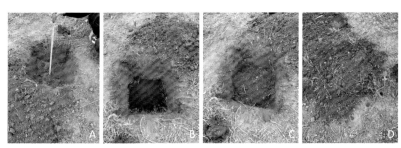

图1-5 挖穴施基肥（曹林青 摄）
（A.挖穴；B.施基肥；C.填土搅拌；D.回填表土）

2.2.3.4 栽植

油茶苗木在雨后土壤充分湿润时方可栽植。不同品种之间采用成行或块状排列栽植模式，同一行栽植1个品种。

选择2年生以上轻基质无纺布容器苗或裸根苗进行栽植。容器苗栽植前去袋，裸根苗栽植前打泥浆。将苗木放入穴内，嫁接口与土面齐平，扶正，回填土后从周边向苗木方向压实，使土与苗木紧密结合，最后培蔸覆盖松土呈馒头状（图1-6）。

图1-6　油茶栽植（曹林青　摄）
（A.造林挖穴；B.容器苗去袋；C.裸根苗打泥浆；D.栽植完成）

14

2.2.4　栽植后管理

2.2.4.1　追肥

（1）发育期追肥培蔸

第一年，2～3月施追肥，离树干25cm处挖穴20cm深，每株施肥50～75g（合1～1.5两①）（复合肥：尿素=2：1），以硫基复合肥为宜。结合施肥进行培蔸。条件允许下，在抽夏梢前（5月下旬至6月上旬）进行第二次追肥，方法同上（图1-7）。

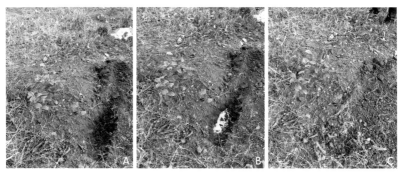

图1-7　油茶造林后1～2年追肥（曹林青　摄）
（A.施肥挖穴；B.放入肥料；C.覆土）

第二年，2～3月施追肥，离树干40cm左右处挖穴25cm深，每株施肥100～150g（复合肥：尿素=2：1）。条件允许下，在抽夏梢前（5月下旬至6月上旬）进行第二次追肥，方法同上。

_____

① 1两=50g，下同。

第三年，2～3月施追肥，在树冠投影外25cm处挖沟40cm×20cm×30cm，每株施肥150～200g（复合肥：尿素=2：1）。11月下旬至次年2月上旬施冬肥，在树冠投影外25cm处挖沟40cm×20cm×30cm，每株施有机肥2～3kg或菜籽枯1～1.5kg和复合肥150～200g（图1-8）。

图1-8　油茶栽植第三年追肥（曹林青 摄）

（A.先施复合肥；B.后放有机肥）

（2）采穗期追肥

此时施肥的目的是补充采穗条和修枝的营养损失，提高发抽梢率。为了防止土壤肥力减退，每年冬季适当增施用有机肥，特别是堆肥，每株施堆肥1～5斤[①]；或按N：P：K=2：1：1的比例施肥，每株施0.2～1斤。8月下旬至9月上旬按N：P：K=7：15：10的比例追肥1～3两（图1-9）。

图1-9　油茶采穗期追肥（曹林青 摄）

---

① 1斤=500g，下同。

2.2.4.2 抚育

每年进行2次抚育。第一次抚育在4～6月进行，在油茶幼树1米范围内进行锄抚，其他地方可进行刀抚；第二次抚育在9月下旬至11月进行，方法同上。建议不使用除草剂除草。

2.2.4.3 修剪

每年11月至翌年1月，进行打顶控高，徒长枝保留3～4个芽。造林后1～2年结合打顶摘除花蕾。3年后修剪的重点是剪除不必要的徒长枝、下脚枝、寄生枝、枯枝等，促进林内通风透光，促进正常生长（图1-10）。

图1-10 油茶修剪（曹林青 摄）
（A.修剪前；B.修剪后）

2.2.4.4 病虫害防治

油茶病害主要有：炭疽病、软腐病、煤污病、茶苞病等。虫害主要有：绿鳞象甲、油茶枯叶蛾、茶梢蛾、油茶蛀茎虫、蓝翅天牛等。具体病虫害发生规律及防治方法见附录1。

2.2.5 油茶采穗圃经营档案

2.2.5.1 采穗圃基本情况

采穗圃名称、建设地点、面积、建设年份、定植图、投产年份、嫁接无性系来源、数量、名称、建圃方式、穗条产量等。

2.2.5.2 穗条生产情况

生产单位、无性系名称、无性系来源、穗条生产地立地条件、周围环境、穗条剪取时间、数量、包装保存方法。

2.2.5.3　穗条流向

调出穗条无性系名称、穗条调出时间、数量、单价、销售协议、购入单位名称（个人姓名）、地址、联系方式、林木种子（苗）生产许可证编号。

2.3　嫁接育苗

2.3.1　砧木选择、种植时间及方法

2.3.1.1　砧木的种子选择

种子已经成熟而果实未全部开裂之前，肉眼观察，其果皮上的茸毛自然脱落，开始变得光滑明亮，树上开始有少量茶果微裂，容易剥开，种子乌黑有光泽或显棕黑色时，开始采摘较好。果实采摘后，日晒1~2d让其自然裂开，除去杂质，选用成熟、种粒中、大粒的种子，放在通风干燥处阴干，以保证砧木的发芽率和粗壮度。

2.3.1.2　播种时间

夏初嫁接油茶，播种时间有两种：冬播与春播。冬播是把选好的种子不进行贮藏，直接播入沙床培育砧木。而春播是在2月底至3月初将贮藏种子取出来再进行播种培育砧木（图1-11）。

图1-11　砧种选择及筛选（钟秋平　摄）
（A.优质种子；B.脱壳；C.选种；D.晾晒）

2.3.1.3　方法

（1）沙床的准备

a.选择干净、平整、排水良好的场地

b.河沙准备

选用干净的中粗沙子，并用多菌灵或高锰酸钾等杀菌消毒。注意：河沙尽量使用刚从河里捞出来的新沙，如果用去年用过的存沙，必须经过严格消毒。

c.沙床

用砖砌宽1~1.2m、高25cm的苗床，长视场地而定，填河沙。

（2）种子消毒

播种前应进行种子消毒，可选用3~5g/kg的高锰酸钾水溶液浸泡10~30min（图1-12）。

图1-12　种子消毒（钟秋平 摄）

（3）播种（图1-13）

单层法：用砖砌宽1~1.2m，高25cm的苗床，填15cm厚的沙

图1-13　播种（钟秋平 摄）

（A.单层法；B.多层法）

子，整平后播上一层种子。种子要一粒靠一粒，做到无空无叠，再盖上8cm厚的沙子。

双层法（多层）：底层沙15cm，播上种子，再加上6cm沙子，再播一层种子，盖上面沙8cm。

（4）芽苗管理

a.防止家畜为害

应在苗床上盖上杉枝或竹梢（图1-14）。

b.防鼠害

投鼠药，放捕鼠器械。

c.湿度管理

保持苗床湿度，久晴洒水。

图1-14 保护沙床（钟秋平 摄）

2.3.2 接穗的选择、剪取、保存

从生长健壮、无病虫害、优良无性系的优良母树上，剪取发育良好的当年新枝作接穗。嫁接量大的育苗基地要建立相应采穗圃。接穗要随采随用，需要调运的，要注明品种、树号，分别捆扎，保湿包装，迅速运输。注意：穗条要分系采摘，根据不同品种穗条的木质化程度情况确定嫁接顺序，做到每天嫁接同一个品种，防止品种混乱（图1-15）。

图1-15 穗条采摘（曹林青 摄）

2.3.3 嫁接（扫描二维码观看操作视频）

2.3.3.1 嫁接时间

油茶嫁接时间一般在5月1日至6月20日，最佳嫁接时间为5月

10日至5月底。

2.3.3.2　材料与工具准备

嫁接刀：可用单面保安刀片。包扎带：长3～4cm、宽1cm的铝薄片，可用牙膏皮做。洒水壶：浇水用。小木板：10cm×20cm，切砧木、削接穗用（图1–16）。

图1–16　嫁接材料准备（曹林青 摄）

2.3.3.3　嫁接方法

（1）起砧木

将带子叶的芽苗从沙床中轻轻取出，再用清水清洗芽苗上的沙子，防止种子脱落（图1–17）。

图1–17　起砧木（曹林青 摄）

（2）削接穗

用单面刀在穗条节、叶柄下方1～2mm处左右两侧各削一个长1～1.2cm的双斜面楔形，交会于髓心，再在芽上端1～2mm处切断，成为一叶一芽的接穗。如穗条的节较短，可保留两叶两芽，油茶接穗叶面积一般以一片完整叶子面积大小为宜，超过部分必须切去。削好的接穗应放在清水中保湿，但浸泡时间不宜超过1h（图1-18）。

图1-18 削接穗（曹林青 摄）
（A.削接穗；B.合格接穗；C.接穗类型；D.接穗保湿）

（3）切砧木

将芽苗放在小木板上，在子叶上1～1.5cm处切断，如芽苗太细、弯曲或太短，可在子叶处切断，再将砧木切成两半，切口长1.0～1.2cm。砧木根长为6～8cm（图1-19）。

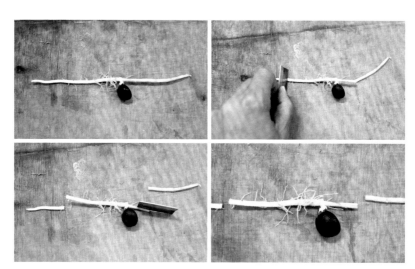

图1-19　切砧木（曹林青 摄）

（4）插穗包扎

先把削好的接穗轻轻插入，对准一边形成层，再用铝片将嫁接口包扎捏紧（铝片规格要求长3~4cm、宽1cm）（图1-20）。

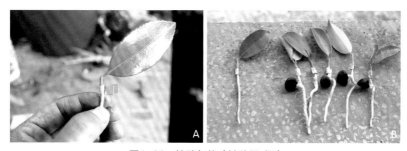

图1-20　接穗包扎（钟秋平 摄）
（A.包扎；B.嫁接类型）

2.3.4　移植

2.3.4.1　裸根苗移植

（1）移植地准备

①圃地的选择

圃地应选在交通方便、劳力充足、有水源、排水良好、地下水位最高不超过1.5m、土层厚一般不少于50cm、地势平坦、背风的地方。最好是微酸性至中性沙质土壤肥力较好的水稻田。注意：不可选用前茬作物有对苗木易感染病害和地下害虫严重的地为圃地（图1-21）。

图1-21　育苗地（钟秋平 摄）

②整地作床

前一年的冬季，对圃地进行深耕，开好中沟、边沟。3月底至4月，施复合肥50~100kg/亩，碎土、整平、作床，使土壤和肥料混匀。苗床规格：宽1.2~1.25m，长16m左右，高（步道沟深）25cm以上，步道沟宽40cm，中沟、边沟比步道沟深10~20cm。嫁接前一周，撒硫酸亚铁10~15kg，过磷酸钙100kg，锄碎土壤，打乙草胺，挑黄心土，把步道沟清理好（图1-22）。

图1-22　整地作床（钟秋平 摄）

③搭荫棚

棚高：1.7~2.0m（便于作业），可用2.1~2.5m原木或毛竹埋进土内40~50cm。

棚桩间距：3~5m，即二床土或三床土打一排桩。

棚面：用条木、毛竹或铁丝横拉作径，再覆透光度为30%的遮阴网，应注意遮阴网的质量，并扎紧扎牢（图1-23）。

图1-23　搭荫棚（钟秋平 摄）

（2）移植密度

苗床在移植前要灌底水，保持土壤湿润。株行距为6～7cm×10cm。

（3）移植时间

嫁接后立即移植。

（4）移植方法和技术

先用竹片或小锄头插入一个深10cm的小穴，将嫁接好的苗根系全部舒展放入穴内，然后一手压住苗，另一手在距苗4cm处用竹片或小锄头插入土中，再向苗木方向推进压紧土壤。栽植后用洒水壶浇透定根水（图1-24）。

图1-24　裸根苗移栽（钟秋平 摄）
（A.棒栽法；B.锄栽法）

2.3.4.2　容器苗移植

（1）移植地准备

①育苗场地选择

育苗地应选在交通方便、水源充足、排水良好、通风、光照充分的平坦地。

②荫棚

荫棚分为固定荫棚和临时荫棚，固定荫棚又分两种，一种是高级荫棚，一种是简易荫棚。无论是简易荫棚还是高级荫棚，在苗木栽植前，都要进行整理。

高级荫棚：高级荫棚是由专门的温棚生产厂家生产安装，四周密封，内设有自动温度、湿度调节及灌溉和施肥系统（图1-25）。

图1-25 高级荫棚（钟秋平 摄）

简易荫棚：棚架上、下钢梁分别采用DN25镀锌钢管、DN32镀锌钢管，钢柱采用DN40镀锌钢管。双层棚架，下层高1.8m，上层高2.0m。棚桩间距3m。棚面采用双层遮阴网，上层遮70%、下层遮30%，并扎紧扎牢（图1-26）。

临时荫棚：棚桩采用木材或毛竹，棚高2.0m，棚桩间距3～5m，即二苗床或三苗床打一排桩，棚面采用双层遮阴网，上层遮70%、下层遮30%，并扎紧扎牢（图1-27）。

图1-26 简易荫棚（曹林青 摄）　　图1-27 临时荫棚（钟秋平 摄）

③整地作床

育苗地要清除杂草、石块，平整土地。周围挖排水沟，做到"内水不积，外水不淹"。

在场地上划分苗床与步道，床面高出步道10cm左右，苗床宽1.0~1.2m为宜，床长依地形而定，一般不超过15m，步道宽40cm。

（2）容器的种类及规格

一般采用可降解或半降解的材料——无纺布。容器规格如表1-2所示。

表1-2　不同培育期的容器规格

培育期	直径×高
1年	（4.5~5.5cm）×（7.0~9.0cm）
2年	（6.0~7.5cm）×（9.0~15.0cm）
3年	（10.0~15.0cm）×（15.0~18.0cm）

（3）基质杯生产

①基质材料（图1-28）

基质选用腐殖质土、火烧土、黄心土、经沤制腐熟的农林生产剩

图1-28　轻基质原料（钟秋平 摄）

（A.谷壳；B.黄心土；C.锯末；D.泥灰）

余物（秸秆、谷壳、树皮、锯末、种皮、果壳等）、轻体物质（如蛭石、珍珠岩、纤维状泥炭等）为原料，其资源丰富、容易加工，进行简单沤制处理即可。基质富含有机质，疏松透气，不易板结，保水性能良好，利于苗木生长发育。

②基质处理

堆沤：将树皮、锯末、果壳和谷壳等农林废弃分别堆放、浇透水进行堆沤。在基质沤制过程中需要翻堆2～3次，同时适量洒水让其充分腐熟（图1-29）。

翻晒：将堆沤后的基质摊开晾晒，使其含水率在15%左右。

粉碎：将干后的粗基质铲入粉碎机打碎（过筛眼10mm）（图1-30）。

图1-29 堆沤（钟秋平 摄）

图1-30 粉碎（钟秋平 摄）

③基质配方

常用基质配方：腐殖质土、泥炭、黄心土按1∶2∶3比例配制，加1～2kg/m³钙镁磷肥；60%泥炭+30%蛭石+10%珍珠岩，加1～2kg/m³缓释肥；40%泥炭+40%农林废弃材料粉碎物+20%蛭石，加1～2kg/m³缓释肥。

④基质的消毒及酸碱度调节

基质消毒：基质用清水浇透后，用1‰～2‰的高锰酸钾水溶液淋透消毒。

基质酸碱度调节：调高pH值可用生石灰或草木灰，调低pH值用硫黄粉、硫酸亚铁或硫酸铝等。

⑤基质灌装

基质可采用人工或装填机灌装，应装填饱满（图1-31、图1-32）。

图1-31　人工灌装（曹林青　摄）

图1-32　机械灌装（钟秋平　摄）

⑥容器装盘摆放

专用托盘摆放：本身有可以固定的容器穴，容器底部和侧面可以空气修根，成本相对较高。将基质容器摆入托盘中，再将托盘用砖架空，育苗时进行空气修根或机械修根（图1-33）。

图1-33　专用托盘装盘摆放（钟秋平　摄）

简易托盘摆放：没有固定的容器穴，只有底部才能空气修根，成本相对较低，空气修根效果不够理想时，要进行人工辅助修根。将基质容器摆入托盘中，再将托盘用砖架空，育苗时进行空气修根和人工辅助修根（图1-34）。

图1-34　简易托盘摆放（钟秋平　摄）

无托盘苗床摆放：先在苗床上铺盖一层没有缝隙的塑料编织布，防止苗木根系长入苗床的土壤中，再在上面摆放容器袋，育苗时进行人工修根。该方法成本最低，可以用于临时的基质苗木生产（图1-35）。

图1-35　无托盘苗床摆放（钟秋平　摄）

⑦杀菌消毒

栽苗前2～3d先用清水浇透基质，再用1000ppm[1]高锰酸钾溶液消毒网袋和苗床地。

⑧浇水

栽苗前一天将网袋完全浇透水。

（4）移植

栽植：先用干净的枪形镊子，打一个小洞，深5～6cm，将嫁接小苗下胚轴完全植入容器中央，使苗根与基质紧密接触（图1-36）。

图1-36　容器苗移栽（曹林青 摄）

保湿：这是保证嫁接成活的关键之一。栽植后要浇透水，喷施杀菌剂防病，并及时覆盖塑料薄膜。采用竹架拱棚支撑，竹架长约2m，最长不超过2.1m，两头各插入土内10～15cm，每隔0.8～1m插一根，土质过于坚实的，插竹架前还要先开小沟、打洞，栽植后将薄膜盖好，两边用土压紧，端头及时完全封闭。至少在1个月左右的时间内，不要揭开塑料薄膜。塑料薄膜有破损的，要另外再用一块蘸水后贴在外面，以保证完全保湿（图1-37、图1-38）。

图1-37　浇水（曹林青 摄）　　　　图1-38　喷药（曹林青 摄）

[1] 1ppm=0.0001%，下同。

遮阴：适度遮阴与嫁接能否成功关系及其密切。一般宜选用透光度在30%的遮阴网。四周也要通过围网来降低阳光的照射强度。但实践证明，过度遮阴也是有害的。在不产生日灼或过度干旱的条件下，适当增加光照，特别是侧方光照，增加散射光照射强度，是特别有利于嫁接成活和苗木生长的（图1-39）。

图1-39　盖膜及遮阴（曹林青 摄）

2.3.5　栽后管理

2.3.5.1　裸根苗管理

（1）开膜前管理

做到四防：一防土膜烂或被风吹起，二防遮阴不严实，三防苗田积水，四防地老虎为害。若发现有地老虎为害，应在早、晚打开膜喷甲氰菊酯，喷后再盖上。

（2）开膜时间

嫁接苗在膜内的时间正常气候时为35d，以10%抽梢为准。选择阴雨天气或黄昏掀膜。

（3）开膜后管理

①去萌、抹花芽、除实生苗

②防涝防旱

及时整理水沟、步道沟，防止苗田积水。若遇特殊干旱气候，要及时灌溉。

③追肥

在8～10月，用复合肥：尿素=1∶1的比例，配成浓度0.4%～0.5%的水溶液浇灌苗木，如苗木生长较弱，可进行叶面施肥。

④病虫害防治

苗圃病虫害防治的方针是"预防为主，综合防治相结合"。加强虫情预测预报，做到准确、及时。除采用药物防治外，还应加强圃地管理，采取的措施包括合理轮作、冬季深耕、适时早播、处理种子、合理施肥和浇水、及时除草和松土、清洁场圃等。

⑤除草

灌溉或降雨后土壤湿度适宜时应及时除草，除草应"除早、除小、除了"。为减轻除草劳动强度，提高工作效率，可采用机械除草或化学药剂除草。

⑥揭遮阴网

揭遮阴网的时间一般是9月上旬，具体时间要根据气候而定（图1-40）。

图1-40　揭遮阴网（钟秋平 摄）

⑦修剪

当年没出圃的苗，第二年在苗高30cm处摘顶，促进侧枝生长。

2.3.5.2　容器苗栽后管理

（1）调节遮阴度

遮阴强度是否适宜与天气情况有关。嫁接后，如果遇有连绵阴雨天气，30%的透光度就会过于荫蔽。长时间过于荫蔽的环境有可能降低嫁接成活率。为了提高整体的成活率，取得更好的效果，可以收起四周围网，以适当增加透光度。

（2）拆除薄膜

嫁接1个月后，就要注意观察苗木的成活状况。当嫁接苗普遍萌芽，少数苗木已经抽出完整的新梢并停止生长时，则可以进行揭膜操作。最好选择阴雨天气揭膜。如果该揭膜时正值连续晴天，就要坚持在傍晚揭膜。揭膜次日清晨和傍晚，一定要全面喷水一次，之后再让其自然生长2~3d，才动手剪除萌蘖。争取在揭膜后的7d内完成第一次除萌（图1-41）。

图1-41 揭膜（钟秋平 摄）

（3）除萌

在嫁接苗生长过程中，会不断产生萌蘖，在第一次全面除萌之后，一般每个月都要注意普遍除萌一次。实践证明，嫁接时绑扎紧密、接口愈合极佳的苗木，不产生萌蘖。所以，提高嫁接技术，不仅可以减少除萌用工，还特别有利于优质嫁接苗的培育。

（4）适时追肥

除萌一结束就要全面追肥一次。每亩用复合肥约5kg、尿素5kg，配制总浓度不超过0.5%。为了防止产生肥害，最好选择将其配成母液，再由母液加入喷水壶内，配成0.5%的肥液后盛于喷水壶内，直接浇洒于苗床（图1-42）。

为了培育壮苗，最好每月追肥一次，至少也要在6月和9月各追肥一次。

图1-42 追肥（曹林青 摄）

（5）防治病虫害

栽植后苗木处于高温高湿状态，加上苗木幼嫩，极易发生根腐病、软腐病和炭疽病，蚧壳虫和蚜虫等害虫也极易大规模蔓延。在苗砧腐烂严重、砧苗普遍带菌时，更易爆发病虫害。所以必须随时注意病虫害防治（图1-43）。

一般撤膜时就要注意防治根腐病。对于嫁接时砧木带菌严重的圃地，要及时喷根腐灵等药剂，以防止根腐病蔓延。以后要根据苗木的生长情况和圃地的病虫害发生情况，及时喷药防治。揭膜除萌后，即使未见病虫害，最好也要喷一次波尔多液。具体苗期病虫害发生规律及防治方法见附录2。

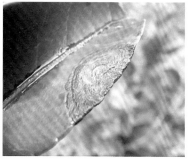

图1-43　常见病虫害（钟秋平 摄）

（6）收遮阴网

9月中旬前后，天气开始转凉，当北方冷空气南侵，重现了当年秋季第一次因暖冷空气交汇而连续多天的降雨时，就可以收遮阴网。逐步揭开遮阴网，增加光照时间和强度，逐渐减少淋水次数和淋水量，促进苗木的木质化，增强抗病虫害的能力，提高造林成活率。同时，炼苗期间停止施肥，以提高容器苗抗逆性。收起遮阴网后，要全面喷水一遍。如能结合施肥，则效果更佳。通过灌水、施肥，嫁接苗能普遍抽梢一次，苗木生长也旺盛（图1-44）。

图1-44　收遮阴网（曹林青 摄）

（7）空气修根

苗木修根是轻基质网袋容器育苗的关键技术之一。通过空气修根的网袋容器苗，根系发育均匀、平衡，且都生长于容器边缘，容器不会破碎，入土后可爆发性生根，实现幼苗入土后的快速生长，移栽成活率高。注意观察容器侧壁根生长状况，当容器内侧须根横向穿过网袋时，应及时移动网袋，使其产生间隙。视天气情况适时控水2～3次（一般基质湿度在50%左右），使苗木产生暂时性的生理缺水，达到苗木空气修根的目的，促进须根生长，增强病虫害抵抗能力（图1-45）。

图1-45 空气修根（钟秋平 摄）

2.4 扦插育苗

2.4.1 穗条选择

扦插以5～7月份为好。穗条的采集，先选择优良、健壮、无病虫害、连续多年结果率高的植株作为母树，然后剪取当年生粗壮、刚木质化或半木质化、腋芽饱满、叶片完整且颜色稍为黄褐色的枝条。采集时间一般为早上7～9时。如果采集地离扦插苗圃地较远，应将枝条浸水后再用塑料膜包装好，放在阴凉处，及时运至扦插苗圃处理，防止因失水而影响成活率（图1-46）。

图1-46 穗条采集（曹林青 摄）

2.4.2 穗条处理

将采集的枝条放在阴凉处保湿，及时修剪。将穗条剪成上面保留1～2个芽和叶片，长约6～7cm。每个穗条的叶片可剪去半片，留半片，留全叶的水分蒸发较多，容易枯死，且发根率较低。带有花芽的穗条，要摘除花芽。穗条的上切口离芽约0.5～1cm，断面要稍向芽的反面倾斜，下切口要平滑，以利愈合生根。

将剪好的穗条，50～60根捆成一扎，放入200～500ppm浓度的吲哚丁酸溶液中，浸泡10h左右，取出后用清水冲洗后即插。经吲哚丁酸处理后的穗条细胞活跃，能加快生根成活。

2.4.3 插床准备

插床选在四面通风、靠近水源的地方。四周用砖头或石砖围起来做成长方体形的插床，床高20cm，长度、宽度以易于操作和管理方便为宜，床与床之间的沟宽40cm；床中间用二分之一的河沙与原圃泥土混合铺高15cm左右，在畦面上再加3cm的黄心土。并搭好外遮阴棚，高度3m左右，透光度控制在30%左右，使用前2d用0.3%的高锰酸钾水溶液或0.2%的多菌灵水溶液喷洒消毒插床，使用前1d，将插床喷透水。

2.4.4 扦插方法

处理后的穗条力求当天插完，以提高成活率。扦插时按60°倾斜在插床上开出"V"形沟，然后将穗条按5cm的距离依次分放在沟里，叶面朝上，穗条下切口入土，深度3cm，最后回土压紧，使穗和土壤紧接，插穗直立。插后洒水，使土壤湿润，然后再撒一层细沙，以减少水分蒸发（图1-47）。

图1-47 扦插（钟秋平 摄）

2.4.5 苗期管理

发根前，需经常喷水，保持插床湿润，通常每天喷水2次，分早、晚进行，保持棚内湿度在85%～90%。30d后出现愈伤组织，60d左右长出须根。60～75d抽梢展叶后，可喷施0.1%的速效氮肥一次，促进生长。90d后，待新根和叶老熟后可移植到营养袋中培育，适当时要揭去荫棚，增强光照，继续加强水肥管理和病虫害防治。待苗高30～50cm、根系3～5cm长时可出圃造林（图1-48）。

图1-48 扦插生根（钟秋平 摄）

3 苗木出圃

3.1 苗木调查

为掌握苗圃各种苗木的质量、产量底数，应在10～11月份进行苗木调查，调查内容包括苗木数量、苗木高度、地径、根系及木质化程度，并分等级填表。

3.2 苗木分级

一般根据苗高、地径、生长势及病虫害等情况把苗木分为三级：一级苗是发育良好的标准苗；二级苗是基本上符合造林要求的标准苗；三级苗是不合格的苗木，需移圃继续培育。

苗木分级标准见表1–3。

表1–3　苗木分级标准

苗木类型	苗龄（a）	一级苗		二级苗	
		苗高（cm）≥	地径（cm）≥	苗高（cm）≥	地径（cm）≥
实生苗	1–0	25	0.3	15	0.25
嫁接裸根苗	0.2–1.8	4b	0.45	30	0.32
扦插苗	0–1.5	40	0.35	25	0.3
容器苗	0.2–1.8	30	0.25	20	0.2
	3–0或1–2	40	0.75	30	0.5

3.3　起苗

　　造林用苗应随用随起，起苗时应保持苗木根系完整，侧根要起全，力求不撕裂，不损伤根皮（图1–49）。

　　一般采用塑料袋或编织袋等对苗木进行保护性包装，裸根苗通常40～50株一袋，容器苗通常20株一袋（图1–50）。

图1–49　起苗（曹林青 摄）　　　　图1–50　苗木包装（曹林青 摄）

3.4　苗木运输

　　苗木运输时应保持湿润，途中不得重压、日晒，注意苗木通气，以防发热。苗木运到后，应立即造林或在阴凉处进行存放，裸根苗未立即造林时，应进行假植。

3.5 育苗技术档案

为掌握情况、积累资料、摸索规律，必须建立与健全育苗档案及其管理制度，由专人负责填写和保管。坚持按时填写，做到准确无误。技术档案填写后，要由业务领导和技术人员亲自审查签字，长期保存。育苗技术档案包括育苗生产技术档案和苗木经营档案。

育苗生产技术档案主要填写内容：按作业小区或育苗户填写技术档案，分别记载施工日期、整地方式和标准、土壤消毒、种子来源及处理、播种期、播种量、出苗日期、嫁接日期、生长状况、开膜时间、揭遮阴网时间、灌溉施肥等管理措施情况。

苗木经营档案主要填写内容：林木种子生产经营许可证、林木良种证、植物检疫证、苗木销售凭证、苗木标签、苗木销售情况（销售时间、销售数量、单价、销售去向、苗木购销合同、苗木包装情况、运输情况）等。

第 2 部分

示范苗圃

PART 2

1 苗圃名称

中国林科院亚林中心高产油茶种苗工厂化繁育基地（图2-1）。

图2-1 中国林科院亚林中心高产油茶种苗工厂化繁育基地（曹林青 摄）

2 苗圃概况

中国林科院亚林中心高产油茶种苗工厂化繁育基地（以下简称油茶种苗繁育基地）是以高效繁育优良油茶种苗、促进油茶产业发展为目的，集油茶种质资源收集、油茶工厂化育苗技术研发与示范推广为一体的油茶种苗繁育基地。油茶种苗繁育基地以油茶科研团队和国家油茶科学中心繁育与栽培实验室为技术支撑，采用油茶轻基质工厂化育苗技术，年生产优质容器苗200万株，技术辐射江西、湖南、湖北、福建、广西、广东、河南等省份的40余个市县，为促进林业科技创新、助力脱贫攻坚提供理论指导与技术支撑，2010年被国家林业局认定为"国家重点油茶良种繁育基地"和"高产油茶种苗工厂化繁育基地"。

油茶种苗繁育基地位于江西省分宜县境内，始建于2009年，现有规模51亩。油茶种苗繁育基地技术团队人员结构合理，现有技术人员教授级高级工程师1人，高级工程师2人，工程师6人，技术工人20人以上，每年解决15人的就业岗位。设施设备齐全，建有控温大棚5200m²，简易大棚29000m²。

油茶种苗繁育基地所属单位亚林中心在油茶及阔叶树良种苗木繁育方面有近40年的经验，目前培育的苗木均采用最先进的轻基质育苗技术，并突破了油茶育苗基质配方，技术最终实现工厂化育苗。目前培育油茶苗采用的是轻基质无纺布营养袋结合空气修根的方法，主要程序包括育苗基质装袋、摆盘、晒种去果皮、选种、种子沙藏、采穗条、起砧木、嫁接、栽苗、浇水、拔草、打药、施肥、空气修根、出苗等过程。自2010年开始被定为省定点育苗单位，油茶苗木繁育依据相关苗木培育的标准、程序及要求进行。

基地拥有丰硕的科研成果：油茶高产品种选育与丰产栽培技术及推广（国家科学技术进步奖二等奖），油茶良种创新与选育（江西省科学技术进步奖二等奖），芽苗砧嫁接育苗技术规程，同中国林科院亚林所共计审（认）定通过油茶良种23个，其中9个通过国家林木品种委员会审定；14个通过江西省林木品种委员会审（认）定（其中有4个杂交子代）。

油茶种苗繁育基地一贯秉承"科技创新就是基地的生命力"的发展理念，紧紧围绕亚林中心"围绕一个点，打好三张牌"的发展思路，重点在打好"油茶苗木繁育牌"上下功夫，逐渐完善基地管理办法、健全基地人才队伍建设，加强油茶繁育科技创新，加快油茶良种推广与成果转化，力争打造一流的油茶苗木繁育基地，进一步推进国家粮油安全战略与精准脱贫战略的实施。

3 苗圃的育苗特色

油茶种苗繁育基地所属单位亚林中心在油茶及阔叶树良种苗木繁育方面有近40年的经验，目前培育的苗木均采用最先进的轻基质育苗技术，并突破了油茶育苗基质配方最终实现工厂化育苗，目前培育油茶苗采用的是轻基质无纺布营养袋结合空气修根的方法。育苗特色具体表现在以下几个方面：

①确保良种穗条的来源可靠

苗圃采取严格的措施确保良种穗条来源真实可靠。具体为：派遣专业技术人员到采穗圃指导穗条生产，做到分系采集、分系嫁接、分系定植、分系出圃。

②采用先进的育苗技术培育苗木

基地采用先进的轻基质工厂化育苗方法培育油茶轻基质容器苗。轻基质工厂化育苗就是以轻基质网袋容器为苗木载体，进行设施苗木生产。轻基质网袋容器育苗具有基质透气、透水、透根性能好，可进行空气修根以及容器重量小、苗木运输便利等优点。

③对苗木基地实行标准化、规范化管理

基地严格按照苗木生产技术规范和质量标准，建立一套完整的质量控制体系，确保林木良种补贴项目苗木的标准化、规范化生产。对林木良种补贴苗木基地苗木质量进行监测，重点监测穗条采集和贮藏档案、嫁接记录档案、移栽档案、容器苗管理档案、苗木出圃生产档案等。

4 苗圃在油茶育苗方面的优势

发展油茶产业，种苗是关键。多年来，中国林科院亚林中心科研人员坚持不懈地开展油茶种苗繁育技术创新，在油茶繁育方面具有较大的优势，主要体现在以下几个方面：

①苗木质量好

培育的油茶苗采用的是轻基质无纺布营养袋结合空气修根的技术，根系多，造林成活率高。

②生产能力强

2010年亚林中心油茶种苗繁育基地被国家林业局认定为"国家重点油茶良种繁育基地"和"高产油茶种苗工厂化繁育基地"，目前亚林中心油茶种苗繁育基地形成了年产容器苗木上千万株、年产大田苗木数千万株的能力。

PART 3

钟秋平

（1）姓名及联系方式

钟秋平

fyzqp92@163.com

（2）学习工作经历

钟秋平，1964年8月出生，1988年毕业于中南林业科技大学，后又取得博士学位，教授级高级工程师，中国林科院硕士生导师，中南林业科技大学博士生导师。

1988年参加工作，就职于中国林科院亚林中心，2006—2008年任亚林中心林业研究室副主任；2008—2012年先后任亚林中心油茶研究室主任、科研管理处副处长；2012—2017年任亚林中心经济林研究室主任；2017年至今任亚林中心党委委员、副主任。

（3）主要介绍在苗木培育方面的成就

获省部级科技进步奖2项，《油茶良种创新与应用》获江西省科学技术进步奖二等奖，《油茶实用技术图解丛书》获江西省科学技术进步奖三等奖；主持或主要参加国家和省部级项目20余项，其中主要有"油茶良种高效繁育关键技术研究与集成示范""油茶优良无性系工厂化育苗及示范""油茶良种高效规模化繁育关键技术研究""油茶高产新品种及配套技术示范""油茶高产高效栽培气象保障关键技术研究""油茶优良杂交子代高效栽培技术推广示范"等；主持或参加"油茶芽苗砧嫁接育苗技术规程"等相关标准5项；发明实用专利2项，完善了油茶工厂化育苗设施设备；发表油茶良种繁育、栽培等相关论文40余篇，专著7部。

（4）与苗木培育有关的出版著作、发表文章、标准等名录

著作

■ 钟秋平.《油茶良种繁育》[M]. 北京: 中国林业出版社, 2010.

文章

■ 钟秋平, 余江帆, 王森, 等. 修剪对油茶采穗圃穗条生长及抗病性的影响[J]. 经济林研究, 2011, 29(03): 111-113.

■ 钟秋平, 蔡子良, 王森, 等. 油茶容器育苗基质配方的研究[J]. 中南林业科技大学学报, 2011, 31(10): 26-31.

■ 袁婷婷, 钟秋平, 丁少净, 等. 油茶轻基质容器苗木缓控专用肥研究[J]. 经济林研究, 2015, 33(02): 107-111.

■ 袁婷婷, 钟秋平, 丁少净, 等. 植物生长调节剂对油茶芽苗砧嫁接愈合的影响[J]. 林业科学研究, 2015, 28(04) :457-463.

■ 袁婷婷, 钟秋平, 丁少净, 等. 接穗留叶数对油茶芽苗砧嫁接愈合过程的影响[J]. 经济林研究, 2016, 34(03): 56-66.

■ 袁婷婷, 钟秋平, 丁少净, 等. 砧木和接穗对油茶芽苗砧嫁接苗愈合及生长的影响[J]. 江西农业大学学报, 2016, 38(06): 1076-1085+1126.

专利及标准

■ 钟秋平, 王森, 余江帆. 网袋基质杯裁切板: ZL201120354494.5[P]. 2012-06-13.

■ 钟秋平, 王森. 稻壳碳化炉: ZL201120355801.1[P]. 2012-05-09.

■ 油茶芽苗砧嫁接育苗技术规程(DB36/T552—2017)

参考文献

彭邵锋, 陈永忠, 王瑞, 等. 油茶芽苗砧嫁接容器育苗技术[J].林业科技开发, 2011, 25(06): 86–89.

彭邵锋, 陆佳, 陈隆升, 等. 油茶穗条储存方式和储存时间对嫁接苗生长的影响[J]. 中国农学通报, 2016, 32(28): 28–33.

吴冬生, 魏荣忠, 黄伟. 油茶芽苗砧嫁接容器育苗组合式技术应用研究[J]. 现代农业科技, 2009(20): 214–215+217.

油茶播种育苗技术规程(LY/T2447–2015)

油茶芽苗砧嫁接育苗技术规程(DB36/T552–2017)

油茶栽培品种配置技术规程(LY/T2678–2016)

袁婷婷, 钟秋平, 丁少净, 等. 接穗留叶数对油茶芽苗砧嫁接愈合过程的影响[J]. 经济林研究, 2016, 34(03): 56–66.

袁婷婷, 钟秋平, 丁少净, 等. 油茶轻基质容器苗木缓控专用肥研究[J]. 经济林研究, 2015, 33(02): 107–111.

袁婷婷, 钟秋平, 丁少净, 等. 砧木和接穗对油茶芽苗砧嫁接苗愈合及生长的影响[J]. 江西农业大学学报, 2016, 38(06): 1076–1085+1126.

钟秋平, 蔡子良, 王森, 等. 油茶容器育苗基质配方的研究[J].中南林业科技大学学报, 2011, 31(10): 26–31.

钟秋平, 余江帆, 王森, 等. 修剪对油茶采穗圃穗条生长及抗病性的影响[J]. 经济林研究, 2011, 29(03): 111–113.

钟秋平. 油茶良种繁育[M]. 北京: 中国林业出版社, 2010.

庄瑞林, 黄少甫. 油茶扦插育苗技术[J]. 林业科技通讯, 1979(01): 6–7.

庄瑞林. 中国油茶（第二版）[M]. 北京: 中国林业出版社, 2008.

附录1　油茶采穗圃营建主要病虫害发生规律及防治方法

主要病虫害	发生规律	防治方法	
		化学防治	栽培管理
油茶炭疽病	4月下旬至5月中旬开始发病，7～9月为盛期，8～9月病落果最多，9～10月花芽染病逐渐增多	选用波尔多液1%加1%～2%茶枯水；50%多菌灵可湿性粉加水500倍；50%退菌特加水800～1000倍液等	砍除重病株，在冬春结合修剪，剪除病枝并摘除病叶、病果
油茶软腐病	气温在15～25℃之间，相对湿度95%～100%时，病害迅速蔓延，危害严重	发病时喷洒多菌灵100～300倍；退菌特800～1000倍；1%波尔多液	整枝修剪和清除下脚枝、萌芽枝、下垂枝及林下小灌木等
油茶煤污病	每年3～6月为盛发期，盛夏气温升高后停止扩散，9月下旬至11月为每年的第二次盛发期	90%敌百虫200～1500倍液，石硫合剂喷洒病株	4～5月人工剪除虫（病）源，将被害枝叶烧毁
油茶茶苞病	本病一年发生一次，最适温度为12～18℃。即每年的3～4月是高发期	发病期间喷洒1：1：100波尔多液或0.5波美度石硫合剂或硫黄石灰粉3～5次	加强对油茶林区的管理，合理修剪，保持通风透光条件
绿鳞象甲	长江流域年生1代，华南2代，以成虫或老熟幼虫越冬。4～6月成虫盛发	喷洒90%巴丹可湿性粉剂1000倍液；50%辛硫磷乳油1000倍液；50%马拉硫磷乳油1000～1500倍液	注意清除油茶林区内和林区周围杂草，在幼虫期和蛹期进行中耕可杀死部分幼虫和蛹
油茶枯叶蛾	在江西1年发生1代，以幼虫在卵内越冬。翌年3月上、中旬开始孵化。幼虫共7龄，发育历期为123～160d，8月开始吐丝结茧，9月中、下旬至10月上旬羽化、产卵	50%二嗪磷乳油3000倍液；50%马拉硫磷乳油1000～1500倍液防治幼虫；40%乐果乳油1000倍液；50%磷胺乳油2000倍液；25%苏脲1号胶悬剂3000倍液喷杀其幼虫；25%杀虫脒水剂100～200倍液喷杀4～5龄幼虫	加强经营管理，隔年进行垦复，补植稀疏残林并施肥，适当疏伐和修剪密度过大的林地，清除油茶林中的马尾松，可以抑制油茶枯叶蛾发生
茶梢蛾	该虫在江西北部、湖南等地的多数地区1年1代，赣南、福建、广东等地则1年2代	5～6月对严重受害林分用40%氧化乐果50倍液加适量黄泥制成药泥浆，涂刷树干	

主要病虫害	发生规律	防治方法	
		化学防治	栽培管理
油茶蛀茎虫	该虫在江西、湖南等地1年1代，以幼虫在被害枝条内越冬，翌年3月上旬幼虫恢复取食，3月下旬化蛹，5月中旬羽化，6月中、下旬为幼虫孵化盛期	在成虫羽化高峰期，可以喷洒20%乐果乳剂500倍液、90%敌百虫1000倍液	在每年的6~8月份人工剪除虫害枝条并放置等待寄生蜂的羽化
蓝翅天牛	该虫一般1~2年1代，6月中旬到7月中旬幼虫孵化。幼虫孵化后蛀入皮层，自下而上旋绕蛀食一圈，再蛀入木质部和髓部，并向上蛀食成虫道	8月间晴好的天气，用40%氧化乐果的20%稀释液于有虫枝节结下部涂刷一圈，可杀死上年幼虫	加强抚育管理并修剪灭虫，将被害枝条平环痕处剪去烧毁

附录2　油茶苗期主要病虫害发生规律及防治方法

主要病虫害	发生规律	防治方法	
		化学防治	栽培管理
白绢病	病害一般在6月上旬开始发牛，7~8月气温上升到30℃左右时为病害盛期，9月末病害基本停止	用3000~6000倍96%恶霉灵喷洒苗床土壤，可预防苗期白绢病危害的发生；发病初期，用1%硫酸铜液浇灌苗根，防止病害继续蔓延，或用10ppm萎锈灵或25ppm氧化萎锈灵抑制病菌生长。发病圃地里，每亩施生石灰50kg，可减轻下一年的病害	选择土壤深厚、排水良好的圃地育苗，施足基肥；及时清除病株，最大限度地控制和消灭病原物
油茶炭疽病	4月下旬至5月中旬开始发病，7~9月为盛期，9~10月花芽染病逐渐增多	选用波尔多液1%加1%~2%茶枯水；50%多菌灵可湿性粉加水500倍；50%退菌特加水800~1000倍液等	合理密度，保证苗圃内通风透光。及时清理死株和病叶
油茶软腐病	气温在15~25℃之间，相对湿度95%~100%时，病害迅速蔓延，危害严重	发病时喷洒多菌灵100~300倍；退菌特800~1000倍；1%波尔多液	保证苗圃内通风透光。及时清理死株和病叶，消灭越冬病源
小地老虎	10月到翌年4月都见发生和危害	用2.5%溴氰菊酯或50%辛硫磷乳油1500~2000倍液灌根毒杀幼虫；用50%辛硫磷乳油或90%敌百虫晶体1000倍液或2.5%溴氰菊酯乳油2000倍液喷雾防治	圃地播种前应精耕细耙，适当提前播种，出苗后及时除草
蛴螬	以3龄幼虫在土内越冬，翌年春季土壤解冻后，越冬幼虫开始上升移动，6月初成虫开始出土，危害严重的时间集中在6~7月上旬，7月份以后，虫量逐渐减少，危害期为40d	50%的辛硫磷乳油稀释500~800倍液，或4%毒死蜱1000~1500倍液在苗床上开沟或打洞灌溉根际	在作苗床时，向床面或垄沟里撒布用5%辛硫磷或3%毒死蜱颗粒剂1份加细土50份混拌均匀的毒土，然后翻入土中，每公顷用药量30~45kg

附录3　油茶苗木生产月历及主要农事

月份	生长发育周期	繁育主要农事
1	休眠期	排水冻床、种子管理
2	发根期	作苗床、沙床播种
3	萌动期	苗床施肥、材料准备
4	萌芽期、抽梢期	灭草松表土、搭建荫棚
5	抽梢期	床面消毒、盖黄心土、嫁接、扦插
6	花芽分化	嫁接、揭膜、病虫害防治、除萌除草、追肥、排水灌溉
7	花芽分化	病虫害防治、除萌除草、追肥、灌溉
8	果实膨大	病虫害防治、除萌除草、追肥、灌溉
9	长油期	病虫害防治、除萌除草、撤除荫棚、灌溉、追肥
10	果实成熟期	准备来年种子、种子沙藏
11	根系生长	起苗、苗木销售
12	休眠期	苗木销售、圃地选择、圃地整理

附录4　各省（区、市）油茶推荐品种目录

序号	品种名称	良种编号	适宜栽植区域	配置品种
安徽				
1	'黄山1号'	皖S-SC-CO-002-2008	安徽南部油茶适宜栽培区	'黄山2号''黄山3号'
2	'长林3号'	国S-SC-CO-005-2008	安徽大别山南麓油茶适宜栽培区	'长林40号''长林4号'
3	'大别山1号'	皖S-SC-CO-022-2014	安徽大别山北麓油茶适宜栽培区	'长林18号''长林55号'
4	'长林18号'	国S-SC-CO-007-2008	安徽大别山北麓油茶适宜栽培区	'大别山1号''长林55号'
福建				
1	'闽43'	闽S-SC-CO-005-2008	福建油茶适宜栽培区	'闽杂优3''闽杂优20'
2	'闽48'	闽S-SC-CO-006-2008	福建油茶适宜栽培区	'闽79''闽油3'
3	'闽60'	闽S-SC-CO-007-2008	福建油茶适宜栽培区	'闽43''闽48'
4	'闽79'	闽S-SC-CO-007-2011	福建油茶适宜栽培区	'闽油2''闽48'
5	'闽杂优22'	闽S-SC-CO-021-2019	福建东部、中部、西部油茶适宜栽培区	'闽杂优3''闽杂优20'
6	'闽油1'	闽S-SC-CO-040-2020	福建东部、中部、西部油茶适宜栽培区	'闽杂优3''闽杂优20'
7	'闽油2'	闽S-SC-CO-041-2020	福建东部、中部、西部油茶适宜栽培区	'闽43''闽油1'
浙江				
1	'浙林2号'	浙S-SC-CO-012-1991	浙江西南部油茶适宜栽培区	'浙林6号''浙林8号''浙林10号'
2	'浙林6号'	浙S-SC-CO-005-2009	浙江西南部油茶适宜栽培区	'浙林2号''浙林8号''浙林10号'
3	'浙林8号'	浙S-SC-CO-007-2009	浙江西南部油茶适宜栽培区	'浙林6号''浙林2号''浙林10号'

序号	品种名称	良种编号	适宜栽植区域	配置品种
4	'浙林10号'	浙S-SC-CO-009-2009	浙江西南部油茶适宜栽培区	'浙林6号''浙林8号''浙林2号'
			江西	
1	'长林3号'	国S-SC-CO-005-2008	江西油茶适宜栽培区	'长林4''长林53''长林40'
2	'赣石83-4'	国S-SC-CO-025-2008	江西油茶适宜栽培区	'赣无2''赣兴48'
3	'赣无1'	国S-SC-CO-007-2007	江西油茶适宜栽培区	'赣无2''赣兴48'
4	'赣州油7号'	国S-SC-CO-017-2008	江西油茶适宜栽培区	'赣州油1号'
			河南	
1	'长林18号'	国S-SC-CO-007-2008	河南南部油茶适宜栽培区	'长林23号''长林55号'
2	'豫油1号'	豫S-SV-CO-011-2018	河南南部油茶适宜栽培区	'豫油2号''长林40号''长林18号'
			湖北	
1	'鄂林151'	鄂S-SC-CO-016-2002	湖北油茶适宜栽培区	'鄂油81号''长林18号'
2	'鄂林102'	鄂S-SC-CO-017-2002	湖北油茶适宜栽培区	'鄂油81号''长林4号''长林40号'
			湖南	
1	'湘林97号'	国S-SC-CO-019-2009	湖南油茶适宜栽培区	'湘林67''湘林78号''德字一号'
2	'衡东大桃39号'	湘S-SC-CO-004-2012	湖南油茶适宜栽培区	'衡东大桃2号''湘林78'
3	'德字一号'	湘S0901-Co2	湖南东部和北部油茶适宜栽培区	'华金''湘林97号''常德铁城一号'
4	'常德铁城一号'	湘S0801-Co2	湖南北部油茶适宜栽培区	'华金''湘林124号'

序号	品种名称	良种编号	适宜栽植区域	配置品种
广东				
1	'粤韶75-2'	粤S-SC-CO-019-2009	广东北部油茶适宜栽培区	'粤韶77-1'
2	'粤连74-4'	粤S-SC-CO-021-2009	广东北部油茶适宜栽培区	'粤连74-5'
3	'粤韶77-1'	粤S-SC-CO-020-2009	广东北部油茶适宜栽培区	'粤韶75-2'
4	'粤韶74-1'	粤S-SC-CO-018-2009	广东北部油茶适宜栽培区	'粤韶77-1'
广西				
1	'岑软22号'	桂S-SC-SO-002-2016	广西油茶适宜栽培区	'岑软2号''岑软3号'
2	岑软24号	桂S-SC-SO-003-2016	广西油茶适宜栽培区	'岑软2号''岑软3号'
3	岑软11号	桂S-SC-SO-001-2016	广西油茶适宜栽培区	'岑软2号''岑软3号'
4	岑软3-62	桂S-SC-SO-011-2015	广西油茶适宜栽培区	'岑软3号''岑软24号'
5	'义丹'香花油茶	桂R-SC-SO-009-2019	广西中南部油茶适生栽培区	'义禄''义臣'香花油茶
6	'义雄'香花油茶	桂R-SC-SO-003-2021	广西中南部油茶适生栽培区	'义禄''义丹'香花油茶
7	'义娅'香花油茶	桂R-SC-SO-004-2021	广西中南部油茶适生栽培区	义轩'香花油茶
8	'义轩'香花油茶	桂R-SC-SO-005-2021	广西中南部油茶适生栽培区	'义娅'香花油茶
海南				
1	'琼东2号'	琼S-SC-CO-001-2021	海南北部和中部油茶适生栽培区	琼东9号
2	'琼东8号'	琼S-SC-CO-002-2021	海南北部和中部油茶适生栽培区	琼东6号
3	'琼东9号'	琼S-SC-CO-003-2021	海南北部和中部油茶适生栽培区	琼东2号

序号	品种名称	良种编号	适宜栽植区域	配置品种
重庆				
1	'长林3号'	渝S-ETS-CO-009-2015	重庆中部和东南部油茶适生栽培区	'长林4''长林53''长林40'
2	'长林18号'	渝S-ETS-CO-002-2017	重庆中部和东南部油茶适生栽培区	'长林23'或'长林53'
四川				
1	'江安-1'	川S-SC-CO-001-2017	四川东南部油茶适生栽培区	'江安-54''翠屏-15''翠屏-16'
2	'江安-54'	川S-SC-CO-002-2017	四川东南部油茶适生栽培区	'江安-1''翠屏-15''翠屏-16'
3	'翠屏-15'	川S-SC-CO-003-2018	四川东南部油茶适生栽培区	'江安-1''江安-54''翠屏-16'
4	'翠屏-16'	川S-SC-CO-004-2018	四川东南部油茶适生栽培区	'江安-1''江安-54''翠屏-15'
5	'川荣-153'	川S-SC-CO-004-2019	四川东南部油茶适生栽培区	'川荣-156'
6	'川荣-156'	川S-SV-CO-005-2018	四川东南部油茶适生栽培区	'川荣-153'
7	'长林3号'	川R-ETS-CO-003-2020	乐山市、泸州市、雅安市、内江市	'长林40号'
贵州				
1	'黔油1号'	黔R-SC-CO-005-2016	贵州西南部油茶适生栽培区	'黔油2号''黔油3号''黔油4号'
2	'黔油2号'	黔R-SC-CO-006-2016	贵州西南部油茶适生栽培区	'黔油1号''黔油3号''黔油4号'
3	'草海1号'	黔R-SV-CW-001-2021	贵州西北部海拔1800~2400m地区	'草海2号'
4	'草海4号'	黔R-SV-CP-007-2021	贵州西北部海拔1800~2400m地区	'草海5号'
云南				
1	'云油3号'	云S-SV-CO-002-2016	云南东南部油茶适生栽培区	'云油4号''云油9号'

序号	品种名称	良种编号	适宜栽植区域	配置品种
2	'云油4号'	云S-SV-CO-003-2016	云南东南部油茶适生栽培区	'云油3号''云油9号'
3	'云油9号'	云S-SV-CO-004-2016	云南东南部油茶适生栽培区	'云油3号''云油4号'
4	'云油13号'	云S-SV-CO-005-2016	云南东南部油茶适生栽培区	'云油3号''云油4号'
5	'云油14号'	云S-SV-CO-006-2016	云南东南部油茶适生栽培区	'云油3号''云油4号'
6	'腾冲1号'	云S-SC-CR-010-2014	云南西部滇山茶适生栽培区	'腾冲5号''腾冲6号'滇山茶
7	'腾冲7号'	云R-SC-CR-027-2021	云南西部滇山茶适生栽培区	'腾冲1号''腾冲5号'滇山茶
8	'腾冲9号'	云R-SC-CR-029-2021	云南西部滇山茶适生栽培区	'腾冲1号''腾冲5号'滇山茶
9	'德林油4号'	云S-SC-CO-023-2020	云南盈江油茶适生栽培区	'盈林油6号''盈林油8号'油茶
10	'盈林油6号'	云R-SC-CO-049-2020	云南盈江油茶适生栽培区	'盈林油8号''德林油4号'油茶
陕西				
1	'秦巴1号'	陕S-SC-CQ-015-2021	陕西南部油茶适生栽培区	'长林3号''长林23号'
2	'长林18号'	国S-SC-CO-007-2008	陕西南部油茶适生栽培区	'长林55号''长林3号''长林23号'
3	'汉油7号'	陕S-SC-CH-008-2016	陕西南部油茶适生栽培区	'长林3号''长林23号'
4	'汉油10号'	陕S-SC-CH10-009-2016	陕西南部油茶适生栽培区	'长林3号''长林23号'
5	'亚林所185号'	陕S-ETS-CY-010-2016	陕西南部油茶适生栽培区	'长林3号''长林23号'
6	'亚林所228号'	陕S-ETS-CY228-011-2016	陕西南部油茶适生栽培区	'长林3号''长林23号'

附录5　各区域油茶主推品种和推荐品种

序号	区域	涉及范围	适宜种植品种 主推品种	推荐品种
1	中部栽培区	江西全省	'长林53号''长林4号''长林40号''华鑫''华金''华硕''湘林XLC15''湘林1号''湘林27号''赣无2''赣兴48''赣州油1号'	'长林3号''赣石83-4''赣无1''赣州油7号'
		湖南全省	'长林53号''长林4号''长林40号''华鑫''华金''华硕''湘林XLC15''湘林1号''湘林27号'	'湘林97号''衡东大桃39号''德字一号''常德铁城一号'
		湖北全省	'长林53号''长林4号''长林40号''华鑫''华金''华硕''湘林XLC15''湘林1号''湘林27号''赣无2''赣兴48''赣州油1号'	'鄂林151''鄂林102'
		安徽南部	'长林53号''长林4号''长林40号'	'黄山1号'
2	东部栽培区	浙江西南部	'长林53号''长林4号''长林40号'	'浙林2号''浙林6号''浙林8号''浙林10号'
		福建中部、西部、北部	'长林53号''长林4号''长林40号''湘林XLC15''湘林1号''赣州油1号'	'闽43''闽48''闽60''闽79''闽杂优22''闽油1''闽油2'
3	南部栽培区	广西中部、南部和北部	'岑软3号''岑软2号''长林53号''长林4号''长林40号''华鑫''华金''华硕''湘林XLC15''湘林1号''湘林27号''赣州油1号''义禄''义臣'	'岑软22号''岑软24号''岑软11号''岑软3-62号''义丹''义雄''义娅''义轩'
		广东东部、西部和北部	'岑软3号''岑软2号''长林53号''长林4号''长林40号''华鑫''华金''华硕''湘林XLC15''湘林1号''湘林27号''赣无2''赣兴48''赣州油1号'	'粤韶75-2''粤连74-4''粤韶77-1''粤韶74-1'